楊樹的故事

不一樣的中國龍

楊熾　文／圖

中華教育

獻給每一個不一樣的孩子

目錄

前言

中國人好龍。我來講一個龍的故事。我的這個故事不是關於龍王的，而是一些普通的小龍，普通的，就像你和我。

龍爸爸是一個工程師，他設計橋。

龍媽媽下了九個蛋。她數了數，是九個。她皺了眉頭。再一看，這九個蛋不一樣大，而且有的細長，有的扁圓。龍媽媽沉着臉，進屋去找龍爸爸，「嘿，我下了九個蛋。怎麼辦？」

「甚麼怎麼辦？等着孵出來唄。」

設計師龍爸爸

龍媽媽生了九個蛋

「你沒聽人家說『龍生九子，不成龍』嗎？九個大概不好吧？而且蛋的形狀也不太好呢。」

「你呀，別迷信。成不成龍，還不得等他們長大了才知道？」

龍媽媽沒有再說甚麼，可是她心裏不踏實。等小龍出來以後，他們更是奇形怪狀，有像烏龜的，有像魚的，有像貝殼的，還有像獅子的。這叫甚麼龍的傳人哪？龍媽媽很擔心。

一家有九個兄弟，成天上躥下跳，龍媽媽一天到晚當然沒有閒的時候。但她也習慣了。

等到了該上學的時候，龍媽媽拉着最小的貝殼龍交圖的手，其他八個小龍跟在後面，來到一所學校的門口。龍媽媽停住腳，彎下腰囑咐兒子們：「把衣服拉拉直，站直了進去，你們跟你爸一樣，是龍。得讓老師知道咱們是龍。把鼻涕擦擦！」小龍腦海裏出現龍爸爸的

形象：嘴裏咬着一支鉛筆，鼻樑上架着眼鏡，他從眼鏡上面看出來的時候經常抬着眉毛。他説話之前總先清清嗓子。小龍們都開始練習抬眉毛，練清嗓子。酸尼從兜裏掏出一支鉛筆，叼在嘴裏。濤鐵在地上撿了一根樹枝，也聚精會神地叼着，左邊叼了一會兒，右邊叼了一會兒，他覺得味道不錯，就嚼巴嚼巴給吃了。

學校院子裏擺了一排三張桌子，坐在中間桌子後

他們和真龍很不一樣

面的是龍校長，兩邊是兩隻母龍老師。龍校長戴着眼鏡，很瘦，很威嚴。龍媽媽帶着九隻小龍在桌子前排成一行，小龍們害怕，都擠在一起。龍校長鷹一樣的眼睛朝小龍們看去，小龍們都低下頭，八夏發現他光着的腳不僅不乾淨，而且腳指頭縫裏還有一撮撮毛豎着，和人家真龍的腳是不一樣的。他趕緊用腳攏起一堆土，把兩隻腳都扎在裏面。交圖早把貝殼關了，只留一個小縫，拉着媽媽的手，在黑影中聽着外面難聽的聲音。

龍校長清清嗓子：「這兒是龍學校，啊，看清楚了！龍學校。不收別的動物，啊。您可以到動物園試一試。」他說「啊」的時候，聲音特別難聽。龍媽媽大驚失色，匆忙領着交圖和其他孩子出了校園。

出了這個校園，到了一棵大樹下，龍媽媽把沮喪的小龍們招呼到一起，「孩子們，沒關係。考學校都是這樣的，沒關係。你們都是好龍，咱們再找，肯定有學校接受你們。別着急。」

他們去的第二所學校也是把招生的桌子擺在院子裏，這回是一個胖胖的母龍老師負責招生。龍媽媽帶着小龍站在她面前。老師和氣但堅決地說：「您這些孩子都有殘疾吧？我們這裏收不了。我們學校有很高的標準，您這些孩子有些體育課程絕對完成不了。如果硬要孩子們像健康小龍一樣做，對他們也是不公平的。」

見酸尼還叼着鉛筆，吃吻還在不停地抬眉毛，老師又說：「您這些孩子們大概不光身體殘疾，智力也有點問題吧？我建議您去盲龍學校或聾啞學校試一試。他們在特殊教育方面比較有經驗。」

龍媽媽一聽，氣得七竅冒火，一下子昏了過去，朝後倒下。九隻小龍趕忙把媽媽抬出了學校。到了一棵大樹下，吃吻噴水，交圖搧風，把龍媽媽弄醒了。

龍媽媽氣得昏了過去

龍媽媽坐起來，整了整自己的衣領子和裙子。交圖說：「媽，我們不上學了。咱們回家吧。」

另外八隻小龍也都點頭同意。吃吻說：「爸爸可以教我們，他是工程師。」另外八條小龍也都點頭同意。

龍媽媽看看他們，搖了搖頭，她舉起一隻手指，對孩子們擺一擺說：「No，no，no，no！咱們不怕挫折，繼續努力。孩子們，向下一所學校進軍！」

小龍們見媽媽像指揮軍隊一樣，也都來了精神。吃吻又開始搧着翅膀，上竄下跳。八夏走路也有了彈性。交圖把貝殼打開，背在背後，像一隻大蝴蝶一樣。

到了下一所學校門口，龍媽媽彎下腰，囑咐小龍們先不要進去，先潛伏在校門外牆根下，等她獨自去探聽一下再說。小龍們便排成一排蹲在牆根下灌木後面，只露出幾條龍尾巴。

龍媽媽從容進了學校。走近招生的桌子，龍媽媽先把一疊厚厚的錢從兜裏掏了出來，握在手裏。到了桌子旁，她用這一疊錢敲了一下桌邊，「您這裏教學質量好嗎？」

胖龍校長盯着這疊錢

負責招生的校長是一個胖龍，他的眼睛盯着這疊錢。「當然，我們是小班教學，教學質量是最好的。您的孩子們呢？」龍媽媽拿着錢的手向校外的方向指了一下，說：「我們家孩子都在幼稚園呢，還沒放學。」

校長的眼睛一直跟着那疊錢，龍媽媽又問：「那，您這裏對每個學生的特殊需要都能照顧到嗎？」「那當然，那當然。」「如果我家孩子有一些體弱，老師能保證他在學校不受欺負嗎？」「那當然，那當然，我們學校保證照顧好每一個孩子，哪怕是有殘疾的孩子，在這裏也能接受良好的教育。」「那好，我交九個孩子的學費，一會兒他們預備班下了學，我就帶他們來見您。」

轉眼龍媽媽領着一隊小龍進了學校，來到胖校長面前。校長一看，鼻子頓時氣歪了。「這，這就是您的孩子嗎？」

龍媽媽揮舞着學費的收據説：「對呀，個個兒都是英才。您這裏教學質量好，別的學校我們還不去呢！」胖校長緊縮眉頭，瞪着小龍們，暗暗生氣。他用手把氣歪了的鼻子往回掰，可是一鬆手，鼻子又歪了。小龍們個個興高采烈，東張西望，濤鐵咧着大嘴，碧幹拖着大鼻涕，看學校院裏有甚麼好玩的東西。

小龍們就這樣入了學。但他們究竟能不能成真龍，還不一定。下面我們就講一講他們每一條龍的故事。

老大必喜的故事

必喜是老大。一出生龍媽媽就告訴他：「你是大哥，他們都是你的弟弟。你得照顧他們。他們也得聽你的話。乖乖，幫媽媽的忙，好嗎？」必喜很懂事。他點點頭。

必喜很懂事

必喜力氣大，沒上學之前，他帶着弟弟們玩，個子小的龍經常騎在他身上。後來上學了，九條龍排成一隊去上學，弟弟們的書包都在必喜背上。必喜任勞任怨，他覺得照顧好弟弟是他的責任。如果學校裏有別的龍欺負任何一個弟弟，必喜肯定會護在前面，替他們挨打。

再大一些，弟弟們開始淘氣了，必喜的日子就開始難過。因為他覺得他不僅有責任照顧他們，也有責任教育他們。「八夏！別上桌子！」「碧幹，先做作業再玩！」「濤鐵，吃飯前先洗手！」

弟弟們也開始反抗：「大哥，你煩不煩哪？」「簡直不像龍，像一隻老母雞！咕咕咕噠，咕咕咕噠。」

有一天，在放學回家的路上，必喜看到一群老鷹襲擊一個鳥窩，牠們把鳥媽媽和鳥爸爸都吃掉了，剩下一隻還不會飛的小鳥，被牠們碰撞出窩，掉在地上。一隻老鷹俯衝下來，準備抓小鳥，必喜趕上去，擋住了老鷹，大喊一聲：「不要欺人太甚！」老鷹鬥不

必喜每天拿肉絲餵小鳥

過九條龍，氣憤地飛走了。小鳥雖然活了下來，但她還不會飛，不能自己捉蟲吃，會餓死的。必喜便把她帶回了家，每天拿肉絲餵她。

小鳥說：「你是甚麼鳥？怎麼沒有翅膀呀？」必喜說：「林子大了，甚麼鳥都有。我們是沒有翅膀的，但我們也能飛。」

小鳥長大了一點，必喜就把她放在樹枝上，教她滑翔。滑着滑着，小鳥就飛起來了。「我會飛了！快看！快看！」「你們都看我呀！我會飛！」

碧幹不屑地說：「多新鮮哪，是鳥都會飛，除非是駝鳥。你能飛得像我這樣高嗎？」說着，他一甩尾巴，鑽到雲彩裏去了。

「碧幹哥哥，你在哪兒呀？」

「往上看！我在雲彩裏。我現在把尾巴伸出來，看見了嗎？」

「哇，你能飛那麼高呀！我甚麼時候能飛那麼高呢？」

「練吧！笨鳥先飛早入林。你這隻笨鳥每天早起一個小時，練習飛行，過一個月，也許你就能趕上我了。」

從此，每天早上龍弟兄們上學的路上，小鳥都陪着他們練飛行，一直送到校門口。有一個小妹妹看着，八個龍弟弟都愉快地表演各自的飛行技術，只有必喜，背上馱着九個書包，飛不起來，只能在路上艱難地爬行。由於長期負重，他的背越來越寬，還長出

表演各自的飛行技術

一層硬殼兒來，他的力氣也越來越大了。

秋天到了，天氣開始轉涼，小鳥也長成大鳥了。她看到別的大鳥排着隊向南方飛去，就問必喜：「必喜哥哥，他們到哪裏去呢？」

「他們到南方去，到溫暖的地方去。他們要飛幾千公里呢。明年春天他們再回來。」

「我也想到溫暖的地方去。必喜哥哥，你和我一塊兒去吧！」

「不行啊，我是大哥，我有責任。我走了，弟弟們怎麼辦？媽媽怎麼辦？」

「那你就永遠走不開了嗎？他們沒有你，就沒法兒活了嗎？」

「等弟弟都長大了吧，到那時候，也許我能自由……不過，如果我自己有了家，有了小龍，那我又有責任了，還是走不開。」

「你真累。」小鳥歎口氣。

你真累

「那，必喜哥哥，我只有自己走了。你救了我的命，我不會忘記你的。我會非常非常想你的。」

小鳥飛走了，必喜抬着頭，目送她消失在天邊。他從此覺得生活中少了點甚麼，也許是她的歌聲。

一天，在放學的路上，地震了。八個弟弟看到建築物都在搖晃，十分興奮：「地震了！地震了！」他們都飛起來，一會兒升高，一會兒俯衝，「地震了！市政大樓要塌了！」

必喜背着大家的書包，仍在路上一步一步地走。他看見市政大樓的一角下面陷了一個坑，這個角下面空了。樓開始向這個坑裏傾斜。必喜把書包在路邊放好，鑽到樓房下面的空檔裏，用自己的背頂住了樓房。市政大樓停止了傾斜。

「好！」人們從市政大樓裏跑出來，看見這隻像烏龜一樣的龍，用自己的身體頂起了整座大樓，他們對他歡呼。說他是英雄，是社會的棟樑，救了大家的命。弟弟們這時已經到了家，把爸爸和媽媽也叫來

採訪

了，記者也趕到了，大家都圍成一圈，讚歎必喜的力量。

記者開始採訪：

「你叫甚麼？」

「我叫必喜。」

「你是甚麼動物？」

「我是龍。」

「你說你是龍？不會吧？你是烏龜吧？」

「說說你是怎麼發現大樓要塌的，你鑽到樓底下去的時候是怎麼想的。」

必喜憋着一口氣，覺得說話很困難。

「你挺身而出的時候，沒有想到自己的危險嗎？」

「這是我的責任。」

「喂，請詳細說說你為甚麼覺得這是你的責任？」

必喜覺得如果他把憋着氣放出來說話，大樓可能會把他壓成一塊餅。他沒有說話。

記者和人群圍觀了兩個小時，天漸漸黑了。大家都回家了，只剩下必喜的家人。龍媽媽說：「怎麼辦呢？咱們得把他弄出來呀！」

必喜見媽媽着急，鼓足了氣對她說：「沒關係，我可以堅持一宿，你們回去睡覺吧，明天白天再找人來幫我。需要很多千斤頂。」龍爸爸計算了一下，需要一百二十個千斤頂。他到橋樑公司去找。

家人都走了。必喜在夜幕中，馱着一座大樓，他不敢睡覺，但黑暗中也沒有甚麼好看的。他開始回憶小鳥學飛的情景，她第一次滑翔時那麼興奮，她清晨的歌聲真好聽。可惜她走了。她真自由，沒有甚麼責任。他想像自己在空

她清晨的歌聲真好聽

中和她一起飛，一會兒在雲上，一會兒在雲下，在南方，温暖的地方。必喜覺得不僅是温暖，簡直是炎熱。

這時必喜身下的地裂了一個小縫兒，一小股岩漿沖上來，立刻就把必喜燒死了。岩漿滲透了他的全身，把他變成了一塊石頭。

天亮了，太陽出來了。龍媽媽和弟弟們回到市政大樓，看到的是一隻石頭烏龜，他馱着一座大樓，抬着頭，看着藍天，像是在眺望天上的飛鳥。官員們來了。龍市長說：「為了紀念我們的烏龜英雄，我宣佈，今後凡是有公共建築，都要有烏龜雕像。」

吃吻流着淚，用小爪子在地上畫着道道，一面嘟囔着：「不是烏龜，他是必喜！」

老二吃吻的故事

吃吻像一條長着龍頭的魚，比兄弟們都短得多。不過他還有兩隻小腳和兩個小翅膀。小的時候，別的小龍練習飛的時候喜歡做一個遊戲：他們躥起來四處張望，然後下來看誰能講出自己看見了甚麼。這不僅練彈跳，還練眼力。

「我看見了火神廟門口一老道。」

「他穿的是土黃色道袍。」

「老道手裏拿的是油條。」

「不對！老道手裏拿的是一本書！」

這時候，吃吻就急得滿地跑，因為他翅膀小飛不起來，腿短，跳不起來。在地上，甚麼也看不見。後

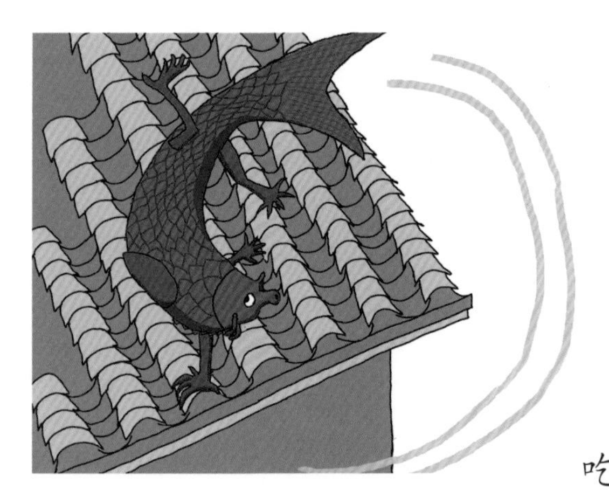
學着像壁虎一樣爬牆

來，其他小龍都學會飛了，吃吻就學着像壁虎一樣爬牆，爬到房頂上一蹲，誰再說看見甚麼了，吃吻就以權威的口吻說：「不對，你再看看，那個人兜裏不是一支鋼筆，而是一支圓珠筆。」

由於比別的龍短一截，吃吻總怕自己不如別人，做甚麼事兒落在後面。他也怕媽媽注意不到自己，所以他一有機會就努力表現。客人來了，把提包放在地上，吃吻就往裏面撒泡尿；吃飯的時候，哪個小龍一回頭，吃吻就把他盤子上的肉換成一條蟲。所以在學校裏，如果哪個老師從書包裏掏出一隻癩蛤蟆，那不用問，準是吃吻放裏

不對，你再看看！

面的。罰站，留堂，找家長，這是吃吻的家常便飯。如果哪天吃吻有一個小時沒有淘氣，媽媽就說：「吃吻今天真乖。真是一條好小龍。」可是吃吻並不喜歡媽媽叫他「乖小龍」，不過半個小時，他就又闖禍了。

吃吻希望媽媽說甚麼呢？他自己也不太清楚。反正不是「乖孩子」。有一次老五濤鐵做了一件好事，保護了一座橋，吃吻不記得媽媽對濤鐵說甚麼了，但那眼光就不一樣。當時媽媽看濤鐵就像看放煙火一樣，那是一種震驚，喜悅的眼光。可媽媽看吃吻的眼光呢？頂多也就是像看見一朵小野花。有的時候還有點生氣，好像看見一棵狗尾巴草。怎麼能讓媽媽震驚呢？吃吻不會喝那麼多水，但他能噴很多水，能把自己家院子都淹了。這是他的本領。可他怕如果把屋裏東西都淹了，媽媽恐怕不會高興。

媽媽恐怕不會高興

有一天，吃吻一早起來就不順。先是上學以前濤鐵說：「嘿，吃吻，把我的書包扔過來！」吃吻拉着書包帶一甩，扔歪了，濤鐵沒接着；這時媽媽進屋來催他們，正好被書包砸在臉上。

課間休息的時候，吃吻惹急了兩條小龍，他們追着要打吃吻，吃吻躲進學校的儲藏間。儲藏間裏面一個同學正在偷偷抽煙，見吃吻進來，這個同學不好意思地說：「你抽嗎？」把抽了一半的煙給了吃吻，他就出去了。吃吻從來沒抽過煙，剛試着抽了一口，就咳嗽起來。這被路過的老師聽見了，打開門看儲藏間裏面是誰。吃吻趕緊把煙扔到背後地上，從儲藏間出來，告訴老師自己是在玩捉迷藏。老師不太相信地瞪了他一眼。

最後吃晚飯時吃吻被旁邊的濤鐵碰了一下，吃吻想用胳膊肘狠狠地戳他一下，結果碰飛了濤鐵的盤子，裏面的菜一下子全飛到了龍爸爸的臉上。爸爸沉着臉站起來，吃吻趕緊鑽到桌子下面，從大家的腳中

他覺得自己很倒霉

間溜了出去，一出家門就爬上了房頂。

吃吻騎在屋脊上，四面是星星點綴的夜幕。別的龍都吃了，睡了。吃吻覺得有點兒涼，有點兒餓，覺得自己很倒霉。一隻黃鼠狼從屋頂上跑過：「吃吻，幹嗎呢？不睡覺嗎？」

「啊，我不睏。在這兒乘會兒涼，看看星星。」

「真的啊？！你瞞不了我黃大仙。準是在家幹了壞事兒了，不敢回去了吧？」

「我怕甚麼？！我沒幹壞事兒，就是今天有點兒不順。」

「孩子，記着我的話吧：做事得想想後果。」

黃鼠狼走了，去捉耗子去了。吃吻漫無目的地瞭望四周，心想，我是回去睡覺呢，還是在這兒待一宿呢？忽然，在學校的方向，他看見一股黑煙夾雜着火星升起。「不好了，學校着火了！」吃吻從房頂上滑下，連滾帶爬地向學校跑去。一路上不停地喊：「學校着火了，快救火啊！」有些龍在睡夢中聽到了他的呼喊，出來也跟着他跑，或飛到空中去看。

到了學校，吃吻一看，以儲藏間為中心，有兩間教室已經着了，火苗開始躥上了房頂。吃吻爬上房頂，往火苗上噴水。這時別的龍也趕到了，

往火苗上噴水

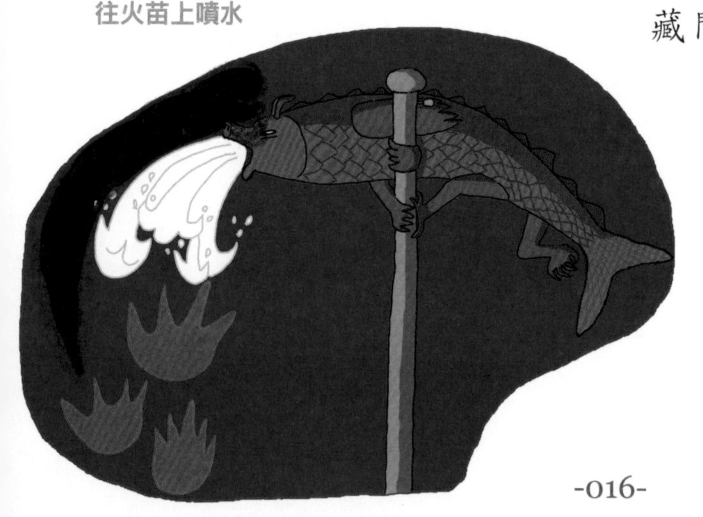

救火英雄

大家一起噴水，火一會兒就撲滅了。一會兒，政府官員也來了，大家都說是吃吻先發現的火情，是吃吻第一個來救火的。官員對吃吻說：「救火英雄，呦，還是個殘疾兒呀？你是誰家的孩子？我要在全市表揚你！」吃吻聽他說自己是殘疾兒，心裏很別扭。

救火回來後，吃吻就溜進了家門，上了牀。但他睡不着，他在想這個火是怎麼着起來的。他在儲藏室裏扔了一個沒抽完的香煙，那裏有紙，沒準兒就點着了。沒準兒這個火就是他引起來的。這麼一來，他救火也就算不上甚麼英雄了。當然，也可能不是他扔的煙頭引起的火災。但誰知道呢？他希望他能找誰說說，可是如果人家知道了，會不會把他當作縱火犯抓起來呢？吃吻在牀上翻過來，掉過去。失眠了。

第二天報紙上就登出了他救火的故事，說他是最勇敢的龍，還有吃吻的照片。龍爸爸媽媽看了報紙，都轉過頭去看吃吻，但吃吻低着頭，沒理會。

這一天吃吻心裏一直在鬥爭，到底是說出來呢，還是保密呢？他多想做「最勇敢的龍」啊，可是如果人家知道了是他引起的火災，還會說他勇敢嗎？黃鼠狼說甚麼來着？他說：做事得想想後果。他怎麼知道我做事兒不想後果？

放學一到家，吃吻就跑到廚房去找媽媽。吃吻站在門口，用腳踢門框，「我早上往學校儲藏室裏扔了一個煙頭，夜裏着火沒準兒就是煙頭兒引起來的。」

龍媽媽沒轉過身來，只是歪歪頭，想了想，然後說：「你早上扔的煙頭兒，它夜裏着的火，間隔十多個小時，多半有其他原因，不是你放的火。不過你能考慮自己做事的後果很好呀。你現在需要考慮一下踢門框的後果。」龍媽媽正說着，門框就從牆上掉了下來，砸到吃吻頭上。

從那以後，吃吻長大了，他做事前開始考慮後果，一旦做錯了事，也能勇敢地承認自己的錯誤。畢業後他當了消防隊員。報名的時候，人家根本沒有考慮他的身體缺陷，就說：「啊，救火英雄來了。歡迎來這裏工作！」

老三普牢的故事

普牢從小就喜歡音樂。一聽見音樂，哪怕只是兩個音符或一段節奏，他就非常激動，忍不住要舞動。但不知道為甚麼，學校老師一叫他唱歌，他就一聲也唱不出來，就像要哭一樣，喉嚨覺得漲得慌。既然唱不出聲兒，也就沒人覺得他有音樂才能。龍媽媽也沒送他去學鋼琴。

唱不出來，在心裏憋着難受，只好在家裏找個鐵桶

普牢從小就喜歡音樂

七條狼

敲敲。敲得不錯了，可是爸爸要工作，嫌吵。聽說同一條街上的狼兄弟在一起玩樂隊，普牢決定去看看。

到了狼家門口，普牢敲門。沒人理，再敲，還是沒人理。再敲，門開了，七條狼站在普牢面前。他們頭上的毛都用髮膠定型，豎着。他們有的脖子上戴着大鐵鏈，有的鼻子上帶着鼻環。他們圍上來，沉着臉，一排白牙，很兇地看着普牢。

狼兄弟們都很有個性，很酷，聽他們的名字就可以知道：大尾巴狼、白眼狼、野心狼、大灰狼、森林狼、雪山狼、孤狼。他們唱的是重金屬搖滾。低音是沙啞的，高音是聲嘶力竭的，音調是不準的。

白眼狼是首腦，他用可怕的聲音說：

「嘿，蝦米，你來幹嘛？」

「我，我，想參加你們樂隊。」

「誰說我們有樂隊？」

「鄰居都說聽見你們唱了。」

白眼狼眉毛一挑，意味深長地看了其他狼一眼。

「他們喜歡我們的音樂？」

「沒說，他們嫌吵。」

狼們圍得更近了，有的鼻子已經碰到了普牢的腿，好像準備把他吃掉。普牢心裏反覆告訴自己：「他們很酷，我不害怕。我不害怕。不能讓他們看出來我害怕。」

「我們是七匹狼樂隊，不收蝦米。」

普牢假裝漫不經心：

「七匹狼是賣襯衫的。」

「是嗎？告訴他們，我們不穿襯衫。」

「哈哈，我們裸唱。」野心狼冷笑着說。

「他們買了那個商標，你們不能用了。」

「是嗎？那我們叫甚麼？」

「你們不如叫野狼嚎樂隊。」

「嘿嘿，我們野狼嚎樂隊不收蝦米。」

「我喜歡音樂。我也不是蝦米。」

「你會甚麼，蝦米？」

「我會敲鼓。」

「你來一段我們聽聽。」

「哈！」普牢一聽說讓他敲鼓，噌地一下就躥到架子鼓上面去了，一條腿一面鼓，四條

我會敲鼓

腿四面鼓，尾巴管敲鑔。就像暴風雨開始了，雷聲大作。不僅雷聲大作，而且房倒屋塌。不僅房倒屋塌，而且槍林彈雨。不僅槍林彈雨，而且天崩地裂。七匹狼都被鎮住了，把耳朵貼在後腦勺上，尾巴夾在兩腿中間，毛骨悚然，心跳加快，熱血沸騰。等普牢奏完了一曲，大家都很安靜。等了兩秒鐘，還是白眼狼發了話：

「行，蝦米有兩下子。我們收留了。明天你來吧，別穿這麼乾淨！」

狼家院裏，三條狼主唱，四條狼彈結他，普牢敲鼓，野狼嚎樂隊在院子裏排練。白眼狼說：「行了，有感覺了。咱們現在就缺觀眾了。」

大尾巴狼說：「老大，咱們去地下通道唱吧，那兒避風，音響效果也不錯。」

白眼狼白了他一眼：「讓你說話了嗎？啊？咱們去地下通道唱吧。」

街邊，地下通道台階旁，一個賣雪糕的老太太龍

讓你說話了嗎？

站在雪糕車旁邊，見來了一條步行龍，老太太龍說：「雪糕！吃雪糕！別下地下通道，走過街天橋吧，下面有一群狼。」

這時地下傳來淒厲嘶啞的聲音：「我是一匹來自北方的狼，走在無垠的曠野中，淒厲的北風吹過，漫漫的黃沙掠過。」步行龍買了雪糕，思索片刻，遲緩地向過街天橋走去。

地下通道裏，白眼狼說：「不行吶，這地下通道客流量不大呀。」

大尾巴狼說:「沒有客流量，一個人都沒有。」

白眼狼說:「讓你說話了嗎？啊？這兒一個人都沒有。咱們還得換地方。上哪兒去呢？」

野心狼說:「要不咱們到爸的酒吧去？那兒有觀眾。」

白眼狼說:「讓你說話了嗎？啊？」他點點頭，「爸的酒吧說不定可以。不過到酒吧得唱『耐』情歌曲。」

唱「耐」情歌曲

普牢睜大了眼睛，天真地問:「老大，甚麼叫『耐』情歌曲呀？你們會唱嗎？」

白眼狼說：「不懂了吧，『耐』情歌曲就是專門歌唱我們狼的。不會我教你呀。」

老狼的酒吧裏，昏暗擁擠。三匹狼唱：「天涯呀海角，覓呀覓知音，小妹妹唱歌狼奏琴，狼呀咱們倆是一條心，愛呀愛呀，狼呀咱們倆是一條心。」他們一邊唱一邊舞蹈，後面彈結他的四條狼動作也很誇張。

唱完這首，他們又唱一首：「狼君啊，你是不是餓得慌？你要是餓得慌，對我十娘講，十娘我為你做麪湯。」

普牢一邊敲鼓一邊想像一碗熱騰騰的麪湯，裏面還有一個雞蛋。麪湯旁邊圍着七隻狼，白眼狼說：「十娘呀，我們不要吃麪湯，我們想吃烤全羊。」

晚飯桌上，龍媽媽問普牢：「你們今天演出了？」

「演了，在老狼酒吧。」

龍爸爸問：「唱甚麼歌？」

普牢說：「唱『耐』情歌曲。」

龍爸爸迷惑不解皺起眉頭，問：「甚麼歌？」

「十娘我為你做麪湯。」

龍媽媽慈愛地看着普牢，問：「做得好吃嗎？」

小龍們大笑。吃吻說：「你不懂！人家那是歌名兒。」龍媽媽訕訕地說：「普牢都登台演出了，你們不得不佩服。」

這樣鬼哭狼嚎唱了兩個月，雖說挺熱鬧，普牢心裏還是不滿足，總覺得這不是他自己的歌。龍媽媽見他悶悶不樂，就問他：「怎麼呢？參加了樂隊怎麼還不高興呢？」

「他們老跑調，我自己又唱不出聲，我憋得慌。」

「那咱們去瞧瞧病吧。看大夫怎麼說。」

普牢悶悶不樂

讓我看看嗓子

於是龍媽媽帶普牢去看醫生。醫生一瞧，這孩子有意思：能說話，不能唱歌。這講不通呀。肯定是心理問題。大概這孩子太想唱歌了，一張嘴就緊張，喉嚨就鎖上了。看來不能讓他想這是唱歌。

大夫說:「你張開嘴，讓我看看嗓子。你說:啊——」

「啊——」普牢發出一個和聲，聲音圓潤洪亮，好像給小診所帶來了温暖的陽光。

「好，現在你再說『啊——』，這回高八個音階。」普牢又發出一個和聲，聲音透徹明亮，好像給小診所帶來了夏天的涼風。

「嗯，有意思。別人有一對聲帶，你有兩對，一對在上，一對在下。怪不得你一張嘴就是和聲呢。哎呀，以前老人說咱們龍呀，五千年有一條龍能唱天籟之聲呀。怕不就是你吧。你再往高了唱。」

「啊——」普牢抬起頭，稍微用了些力，一聲清脆而嫵媚的高音在小屋裏迴蕩。它的頻率正好和玻璃的共振相同，大夫厚厚的眼鏡片一下子就碎成了千萬粒，掉到地上。

龍媽媽本來就覺得大夫講的天籟之聲有點沒譜，怕把普牢的希望勾起，日後夢想又破滅。一看把大夫眼鏡給唱碎了，就趕緊說：「沒毛病吧？沒毛病就好。兒子，咱們沒毛病就回家吧。」

「慢，門診費是十元，我的眼鏡是二百元。」

回到了家，普牢生怕剛發現的本事沒了，趕緊到花園裏去練習唱「啊」。他先一個挨一個唱音階，一直唱到比玻璃的共振低一個音，因為他不想把家裏的

一隻美麗的蝴蝶

玻璃都震碎。然後再隔一個，隔兩個音像走樓梯一樣練習。他的聲音是那麼甜美感人，一隻產完了卵的老蛾子停在一片枯葉上，聽完了普牢的「歌」，心想:「世界多美麗啊，我能聽到這樣的絕世音樂，我短暫的生命太幸福了。」於是她帶着微笑死去了。她的靈魂變成了一隻美麗的蝴蝶，向天邊飛去。

不久，周圍的龍都發現了普牢超凡的音樂天才和他絕妙的嗓音，做樂器的師傅們都把他的頭像雕刻在樂器上，希望借他一點光兒，讓自己的樂器奏出同樣美妙的樂聲。但普牢聽到了自己的聲音後，就開始意識到城市裏噪音的可怕。這些噪音無處不在，無時不在，像臭氣一樣，它們讓普牢坐臥不安。普牢決定離開這嘈雜的世界，到安靜的大自然去。一天，他和爸爸媽媽說了再見，背着他的結他，就走了。再也沒有回來，也沒有人見到過他。

如果你遠離人跡，在寂靜的荒漠，高山，深谷，在太陽騎到地平線上的那一神奇時刻，當平射的陽光突然指給你看萬物內在的美麗，一股暖流會充滿你的胸腔，宇宙的偉大，生命的珍貴會感動得你熱淚盈眶。這時如果你用心聽，你會聽到普牢的歌聲。它可能遠在天邊，也可能就在你心裏。

老四碧幹的故事

在龍媽媽的九個孩子中，碧幹是老四。一開始他是一條普通的小龍，跟在哥哥們後面去上學。他個子小，身體比較弱，拖着鼻涕，經常拉在後面。哥哥們回頭一看，碧幹又落後了，「碧幹，鼻涕蟲，快點兒走！太陽曬鼻尖兒，小心把你曬成乾兒！」這種時

候，碧幹常想：都說四海之內皆兄弟，要那麼多兄弟幹甚麼？說這話的人大概一個兄弟也沒有吧。

碧幹龍小火氣大，最容不得別人說謊，偷東西，或是欺負比自己小的。一見到有人這樣，他就怒火攻心，非站出來干涉不可。為了這個，他沒少挨打，也被老師趕出教室許多回。但即使把碧幹全身的骨頭都打碎，把他變成一隻鼻涕蟲，他還是會怒火攻心，還是忍不住要用最後一口氣弘揚正義。

一天學校裏考試，碧幹正在集中精力答卷子，突然注意到前面的懶龍幾次探過身去偷看弟弟交圖的卷子。碧幹火冒三丈，但考場有紀律，不許說話，他只好努力再把心思轉回到自己的考卷上來。

考試結束後，學生們都交了卷子，懶龍一反常態，趕在交圖之前把卷子交給了老師，還對老師說：「老師，今天的考試真容易！」老師一看他的卷子，居然好像全答對了。老師的臉笑成了一朵花：「懶龍，難者不會，會者不難。你覺得容易說明你都學會了。」

交圖是班裏最好的學生，一般只有他才會說考試容易這種話。但今天他甚麼也沒說。因為有兩道題是自由發揮題，他也沒有把握老師喜歡不喜歡他的發揮。

下午老師把卷子判完了，拉長了臉，來到教室。

「孩子們，今天的考試卷中有兩張完全一樣的，連自由發揮題都回答得完全一樣。我要作弊的學生自己站起來承認錯誤。」

碧幹心想：「好，懶龍惡有惡報！」

沒有人站起來。老師的臉越來越難看。「交圖，你站起來！」

交圖大驚失色：「我？？」

「你說說，你的卷子為甚麼答得和懶龍一模一樣？」

「我不知道。我沒有抄他的。」

碧幹火冒三丈，拍案而起，「老師，這不是很明白嗎？我弟弟交圖是咱們班最好的學生，他怎麼可能去抄懶龍的卷子呢？顯然是懶龍抄交圖的卷子。而且我

拍案而起

當時都看見了懶龍往那邊探身子。」

「我問你了嗎？你當然向着你的弟弟，坐下！」

「我就不坐下。我不但看見了懶龍作弊，而且知道你為甚麼向着他。懶龍他媽上禮拜給你送粽子來着，我看見了。你身為老師，受賄是不對的。」

「胡說！你擾亂教室秩序。今天這個學校裏有我沒你。回去告訴你家長，從今以後你不是這個學校的學生了，別的學校也不會收你。我會通知教育部。你被

你被開除了！

開除了！」說着龍老師伸出大爪，一把提起碧幹的領子，把他扔到了學校外面。

龍媽媽龍爸爸見碧幹被學校開除了，坐在沙發上發愁。這孩子，怎麼辦呢？沒畢業，能去幹甚麼呢？他身體也不強壯，體力勞動恐怕做不了，別的本事也沒有，哪兒能要他呢？

「孩子，你就去學校跟老師認個錯兒吧，沒準兒他們還能讓你回去唸書。」

「我沒錯兒，我不認錯兒。我不是壞龍，他是壞龍。他錯了還讓我認錯兒，還有沒有公理了？」

「孩子，你老說要公理，要正義，你是不懂事兒啊。我們是龍的傳人。我們是講面子，講和氣的社會。再說這個世上的事情並不是都黑白分明。龍無完龍，每條龍都不完美，都會犯錯誤。大家都得和和稀泥，裝裝糊塗，睜一隻眼閉一隻眼。彼此都給點兒面子。」

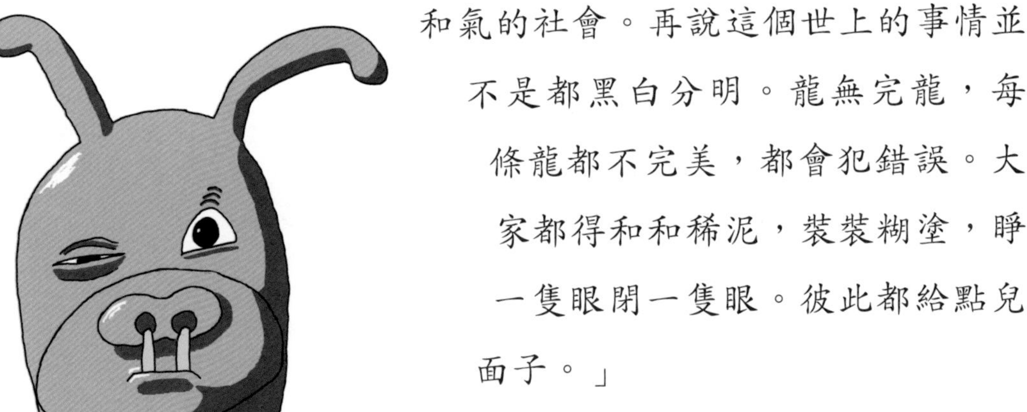

睜一隻眼閉一隻眼

碧幹試着睜一隻眼閉一隻眼，過了兩秒鐘，他眼睛就累了。他想，和稀泥也許容易一些。但這跟老師受賄誣賴弟弟考試作弊有甚麼關係呢？

碧幹沒有學上，在街上閒逛，見到警察抓了一個小偷，帶到一個大房子裏去。這個房子門口有牌子寫着「法院」。碧幹想看看警察把小偷怎麼辦，就跟了進去。法院有個大屋子，裏面有不少人坐着，像學生一樣。前面講台上坐着一隻大老虎，他的講台上寫着「大法官」。

兩條警察龍押着小偷龍，就站在講台前面。其中一條警察龍說：「報告大法官，這條龍名叫李小龍，我們抓住他時，他剛偷了張金龍的夜明珠一枚。您看，夜明珠在此，上面有張金龍刻的名字，也有李小龍的爪紋。」

碧幹一看，哇，老虎大法官好神氣，他的毛皮多漂亮啊，他的爪子多麼有力量呀。

法官平靜地問小偷：「李小龍，你有甚麼要辯解的麼？」

李小龍扭來扭去，但想不出如何為自己辯解。

法官仍然平靜地問：「李小龍，你為甚麼要偷張金龍的夜明珠？」

「我，我特別喜歡他的夜明珠。我自己沒錢買。」

大老虎忽然拿了一塊木頭往講台上一拍，啪！好

嚇了一哆嗦

響啊，整個屋子裏的人都嚇了一哆嗦。

碧幹從椅子上掉了下來。

「李小龍，你偷盜張金龍的夜明珠，被警察當場拿住。證據確鑿。你也承認了。你犯了偷盜罪。我判你勞動改造一年。你要好好改造自己，學會用誠實的勞動獲取你想要的東西。」「押下去！下一個案子！」

碧幹想：「酷！我也要當法官！」

碧幹從法院一口氣跑回家，到了家，龍媽媽正在做飯。「媽媽，我要當法官！」

龍媽媽好久沒見碧幹這麼高興，他的興奮情緒給她的臉帶來了陽光。但一聽碧幹說要當法官。媽媽又發愁了。

「孩子，法官不是咱們龍能當的，那是老虎的工作。」

「為甚麼？！我特別適合當法官，我最想幹的就是主持正義，懲罰壞人。讓我當法官吧！」

龍媽媽把火關上，把手洗了，把圍裙摘了，坐在椅子上，「你知道甚麼叫司法獨立嗎？主持公平的人必須和打官司的雙方都沒有任何牽掛，不然他就不公正了。明白嗎？比如警察抓來一個小偷，這個小偷正好是法官的弟弟，那法官能像判其他的小偷一樣去判他自己的弟弟嗎？他不能。」

「咱們龍的傳人講究一團和氣，講究發展龍際關係。如果我的孩子犯了錯誤被警察抓去，我能不管嗎？我就會給法官送東西，託他高抬貴手。如果法官也是一條龍，他就會收我的東西，然後他就會

發展龍際關係

想辦法給我一點面子。明白嗎？」

「那老虎呢？」

「這些作法官的老虎和我們不一樣，他們和一般的老虎也不一樣。他們沒有家，六親不認，鐵面無私。他們從來不受賄，他們不交朋友，所以他們能保持中立公正。有點兒像出家的和尚或是做祕密工作的間諜，他們得犧牲家庭的溫暖，和親戚朋友一刀兩斷，也許一輩子就不再見面了。每天晚上回到家，他們就獨自一人，沒有人問寒問暖，也沒有人陪他說個話。」

他們獨自一人

碧幹想像一個空屋子裏沒有傢具，只有一隻瘦骨嶙仃拖着鼻涕的老虎在中間蹲着。他旁邊是一大堆卷宗。

「酷！」媽媽的描述使法官的形象在碧幹的心中從偉大變成了神聖。「犧牲」，要弘揚正義當然需要「犧牲」。碧幹陷入了狂熱的沉思。

晚飯以後，碧幹對龍爸爸說：「爸，我想當法官，怎麼才能變成一隻老虎呢？」

爸爸已經聽龍媽媽講了這件事兒，所以他只簡單地問：「你想好了？你可以去山裏轉基因醫院做一個手術，把自己變成一隻老虎。但你這一走，就再也回不來了。你要是當了法官，你就不再有這個家。我們家也不再有你這條龍了。你知道，你媽和我都捨不得你走。雖然你們大了都早晚要出去工作，不可能守在我們身邊一輩子。可是做法官和別的工作很不一樣。」

碧幹說：「只要能變老虎就行，我犧牲甚麼都行。為了社會公正，我不犧牲誰犧牲？！」

龍爸爸歎了一口氣，感覺自己一下子變老了。當自己的兒子說話像大龍一樣的時候，往往給當爸爸的這種感覺。

分別的日子到了，全家去車站送碧幹。吃吻說：「碧幹，變成老虎別忘了擦鼻涕。放心吧，我們不會作案到法庭去給你添亂。」

濤鐵咧着大嘴說：「也許不會。」

八夏笑着說：「不會馬上作案。」

交圖靦腆地說：「你如果需要保險櫃，或者需要開鎖，我可以幫忙。」

牙自對碧幹一抱拳：「為兄弟，我願兩肋插刀！」

碧幹喉嚨裏像是堵了甚麼東西，他連再見也說不出來，連忙爬上了車。從車一開動，一

全家人去車站送碧幹

直到醫院門口，碧幹嚎啕大哭。他哭得車裏地上全是水，發動機差點兒熄火。雖說四海之內皆兄弟，碧幹知道他失去了八個可愛的兄弟，沒有人能代替他們。

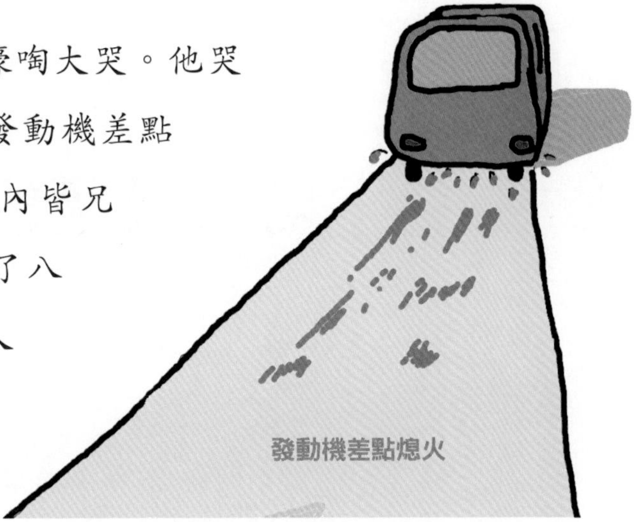

碧幹做了手術後，進了法官學校學習。幾年後他當上了一名非常稱職的大法官，他辦案的故事被龍們頌揚。他們說：「你別看他長的像老虎，他其實是龍的傳人。我們龍的傳人最講究法制社會。」

老五饕餮的故事

在龍媽媽的九隻小龍裏面，饕餮除了嘴大點兒，長得沒甚麼特別。當然，這是和他自己的親兄弟們比較。如果和別的小龍比較，他們一家都是怪物。但饕餮有一個祕密。在他小時候，很長一段時間內，沒有人知道他的祕密。連龍媽媽都不知道。

龍媽媽一直奇怪，為甚麼有時候做了一桌子飯菜，一大鍋湯，自己回廚房去拿湯勺，回到餐廳飯菜和湯都沒了。幾隻大碗光光的，裏面空無一物。龍媽媽想:「也許我還沒做飯？喪失記憶？真是老糊塗了？」沒辦法，為了餵飽九個孩子，她只好重新去做。這發生了許多次。慢慢地，龍媽媽發現了一個規律：如果

龍媽媽開始留意

她把飯菜放在桌上後，不離開餐廳，飯菜就不會消失。如果她把飯菜放在桌上，然後回到廚房去，而且，餐廳裏面只有一隻小龍，那麼飯菜多半會消失。啊，原來和一隻小龍有關係。是誰呢？龍媽媽開始留意。

濤鐵的祕密就這樣被媽媽發現了：他能極快地吃掉大量的食物，而且並不顯得臃腫。食物像魔術一樣，消失在他嘴裏。就沒了。如果媽媽再做一桌飯，濤鐵也並不像吃飽了的樣子，照樣和其他兄弟一樣，有滋有味地又吃一頓。

第二天，龍媽媽照樣把飯菜擺在桌上，然後向廚房走去。她看到餐廳裏沒有別的孩子，只有濤鐵。但這回，龍媽媽剛一進廚房，馬上就轉身回來，濤鐵剛有時間走到桌子旁邊，端起碗準備吃。龍媽媽馬上抓住他：「孩子，你特別餓嗎？」

你特別餓嗎？

「我，沒有啊。」

「那你為甚麼老偷吃，而且把全桌的東西都吃光呢？」

「我，我也不知道。我就是覺得吃很好玩。」

「你不想一想媽媽做這麼多菜多麻煩麼？你都吃了，我還得再做一桌。」

濤鐵臉紅了，他低下頭，看地上有沒有一個洞可以鑽進去。

「濤鐵，你吃那麼多，不覺得撐的慌嗎？」

「沒有啊，我吃多少都一樣。」

「那我建議你多為別人着想着想吧，別光圖自己好玩。」

龍媽媽很少這樣嚴厲地批評她的孩子。小龍們也從小就懂得要有集體精神，不吃獨食。濤鐵聽媽媽說自己光圖自己好玩，不為別人着想，難受極了。他怕大家發現他這個祕密，會叫他怪物。他怕大家知道他是個自私的龍，會從此不理他。從那以後，濤鐵每天灰溜溜地去上學，灰溜溜地回家。到家就把自己藏起來，晚飯也不吃。

濤鐵想，大哥能負重，普牢會敲鼓，八夏雖說唸書不好，但能修馬桶也是一個本事呀。我會甚麼呢？會吃飯？他想像大家聽到這個消息後的反應：一群龍圍着他大笑：「飯桶！吃貨！」這樣想着，濤鐵連做作業的心情也沒有了，他乾脆鑽到被窩裏不出來了。

飯桌上少了濤鐵，兄弟們都議論說他一定是病了。龍媽媽甚麼也沒說，等晚飯吃完了，收拾完了廚房，來到濤鐵的牀邊。媽媽說：「想甚麼呢？好兒子？」

「我怕他們管我叫飯桶。」

「放心，我會替你保密的。」

「媽媽，人家都有本事，我甚麼本事都沒有……」

「濤鐵，你能吃也是本事

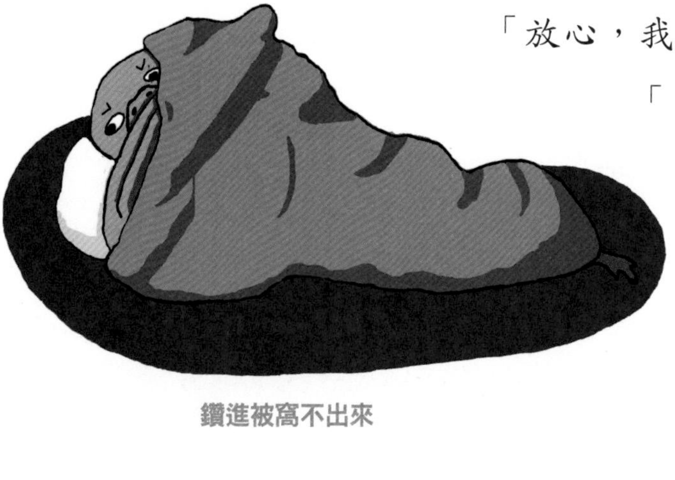

鑽進被窩不出來

呀，這是很大的本事呀！」

「可是那沒有用呀，人家知道了肯定說我是怪物。」

「怪物還是寶物，得看你為社會做好事，還是做壞事。孩子，其實本事大小都沒關係，主要是你有為別人做好事的心。我相信你是有的。別擔心了，天生你材必有用。」

這年春天山上的冰融化了，河水突然多起來，捲着冰塊兒向龍們住的城市沖來。市長召開緊急會議，討論抗洪的辦法，看怎麼保護新修好的金龍橋，看要不要把全城的幼稚園師生和醫院病人都疏散出去。濤鐵的爸爸是總水利工程師。他也想不出甚麼好主意，晚上回到家裏緊鎖眉頭，不停地嘟囔着：「明天洪峰就到金龍橋了，怎麼讓這麼多水都消失呢？怎麼讓這麼多水都消失呢？」龍媽媽聽了，突

龍爸爸緊鎖眉頭

然說：「我知道了！」

第二天濤鐵感冒發燒了，正躺在牀上，渾身發冷，蓋着大棉被還不停地哆嗦。除了他，全城的龍幾乎都來到了河邊，來看洪峰的到來。一隻鳥從上游飛過來，對大家說：「洪峰快到了！還有十分鐘！水高着呢，跟一堵牆一樣！」龍媽媽趕忙飛回家，把濤鐵一把從牀上拉了起來：

「濤鐵，你顯身手的時候到了！」

「媽，我冷！」濤鐵抓住被子不放手，就連着被子一塊兒被媽媽帶到了金龍橋上。媽媽掀掉他的被子，

抓着濤鐵的尾巴，把他從橋欄杆上放了下去，「孩子，讓水消失，不然橋就沖垮了！」旁觀的人都認為這隻龍媽媽瘋了，想把她的病孩子扔到水裏去。

濤鐵張開大嘴

濤鐵張開大嘴，湧上來的水就消失在他的嘴裏。水打着旋，冒着泡兒，消失在濤鐵的嘴裏。大家都看傻了。過了一個小時，水退了，河裏的水恢復了平日的高度。再看濤鐵，還是那隻瘦小的龍，被媽媽揪着尾巴，倒掛在橋上，很可憐的樣子。

「好啊！濤鐵救了金龍橋！好樣的，濤鐵！」大家歡呼起來，一起擁上去，把濤鐵舉了起來。龍媽媽趕緊從地上撿起被子。「快給他蓋上，孩子發燒呢。」

這下子濤鐵出了名。後來每次修橋，都把他張着大嘴的臉刻在橋上，他變成了橋樑的保護神。

老六八夏的故事

八夏長得像隻長着龍頭的貓，大手大腳，上躥下跳，怎麼看也不像條龍。龍媽媽不停地呵斥他：「趴下！」說得多了，最後決定給他起名「八夏」了。

大多數小龍都是好學生。他們有像電腦一樣的超級記憶能力，唐詩宋詞，正着背，倒着背，都行。只有八夏不善於死背。他總想知道為甚麼。

「老師，為甚麼要背唐詩呢？」

「因為背多了，就

正着背詩，倒着背詩

會作詩了。」

「那，老師你會作詩麼？」

老師不高興了，因為他不會作詩。實際上，這個學校教過好幾千條龍，他們都會背詩，但沒有一條龍成為詩人的。但八夏不知道這些，他就知道背不上來詩，老師不喜歡他，同學們也嘲笑他。下課的時候他坐在草地上，傷心的眼淚啪嗒啪嗒地掉下來。掉到一個花大姐（瓢蟲）身旁。

花大姐說：「大龍，你為甚麼哭呢？你要把我淹死了。」

「我做不了一條好龍，他們都不喜歡我。」

「不成龍便成蟲。你就做蟲子得了。當蟲子也挺好的。他們說我是益蟲呢！」

「你為甚麼是益蟲呢？」

當蟲子也挺好

「因為我吃蚜蟲，保護植物呀。」

「那我也不會吃蚜蟲，我要是吃蚜蟲，說不定會把植物葉子都吃下去？我怎麼當益蟲呢？」

「你總有你的本事吧？有本事，能做對環境有好處的事情就行。管他甚麼龍呀，蟲呀的。」

八夏一想：「也對。我得學點本事。」還是回去上課吧。

又到了詩詞課，又要輪到八夏背詩了。他不會背，實在覺得難受，趁老師沒注意，就從窗戶蹦出去了。

八夏在街上閒逛。他看見兩條工人龍修下水道，就趴在旁邊看。龍甲把閥門擰緊，又把一截兒爛了的管子卸下來，龍乙換上一截兒新管子，再把閥門打開。龍甲又把掉進井裏的污泥垃圾都掃了起來，收拾乾淨，最後才關上井蓋兒。八夏看工人幹活兒，覺得有意思了就歪着頭看，左邊歪歪頭，右邊歪歪頭。

龍甲對龍乙說：「這主兒是誰呀？」

龍乙說：「不認識。穿山甲吧？」

「嘿！你是哪兒的呀？想找螞蟻？」

八夏說：「我不找螞蟻，我看你們幹活兒好玩，我想學。」

龍甲說：「你那爪子使不了我們的工具。」

八夏抓過兩把管鉗，一手一把，像雜技演員一樣耍起來。兩把大管鉗讓他耍得在空中呼呼地轉。耍完了他輕輕放下，傻乎乎地笑笑說：「還行吧？我不怕髒，不怕累。別讓我背詩就行。」

龍甲用毛巾擦着手，問龍乙：「你說呢？這穿山甲像個幹活的。」

龍乙說：「我看行。」

兩個龍拿起工具包，八夏接過去給背上了，他邁着貓步，跟在師傅後面。

一個廁所裏，龍甲乙換

八夏抓過兩把管鉗

抽水馬桶，八夏在旁邊看。龍甲說：「嘿，『穿山甲』，來點水泥。」八夏用小鏟從地上攪拌好的水泥裏鏟了些遞了過去。

一個鍋爐房裏，龍甲乙和八夏在看鍋爐上的氣壓閥。龍甲說：「『穿山甲』，不能讓氣壓超過這條線。」八夏鄭重地點點頭。

就這樣，過了一個學期，八夏學會了怎麼修下水道，怎麼修馬桶，怎麼修漏水的暖氣。

每天哥哥們放學回家，八夏也回去，假裝上了一天學。可是他老是一身泥水，把地板踩出一串髒腳印。龍媽媽問：「你怎麼這麼髒？」八夏說：「我是龍，龍得治水，才是益龍。要治水怎麼能不髒呢？」哥哥們笑他：「你也算龍？你連唐詩都

八夏把地板踩出一串髒腳印

不會背！知道嗎？我們現在都學到工商管理了！你不學習，只會做工，以後我們就管理你。」

龍媽媽一聽，「怎麼？你不唸書嗎？你給我背一首唐詩聽聽！」

八夏傻了：「呃，朝辭，朝辭……」

媽媽着急了，提醒他：「朝辭白帝彩雲間。」

八夏頭大了，他小聲說：「朝辭白帝彩雲間，呃，

朝辭白帝彩雲間
李白檢查暖氣片
先看有沒有漏水
打壓檢測做一遍
然後排水放氣體
保證暖氣熱效率
暖氣修好先別走
打掃衛生別忘記。」

李白檢查暖氣片

他的聲音很小，龍媽媽只聽他嘟嘟囔囔說了一串，沒聽見說甚麼，倒好像也合轍押韻，就滿意地說：「好孩子，你看，背詩也不難，你能成為個好學生的。」

一年夏天下了很多雨。有一些下水道被垃圾堵死了，水下不去，就把街道給淹了。小龍們坐在龍車裏，走不了。四周都是水。市長很生氣。他說：「我們有這麼多龍的傳人，怎麼還會有水患呢？！去給我解決！如果解決不了這個問題，就把你們一條條龍用鐵鏈子拴在一口井裏，讓你們去鎮水。古時候都是這麼幹的。」

小龍們聽到這個命令，都嚇壞了。他們除了吐吐沫，流口水，沒有別的跟水有關係的本領。八夏可不怕下雨，他在水裏玩得可高興了。聽到市長的命令，他馬上就出去找了一個最近的下水道口，去檢查看是不是堵住了。他從下水道口兒裏面挖出一大團垃圾，甚麼頭髮、香口膠、塑膠袋、易拉罐……一大堆。他

過來幫幫忙，我們給你錢

把這些弄出來，雨水就開始往下水道裏面流，很快，這一條街的水就沒了。於是他又到下一條街去。

忙了一天，天快黑了。多半個城市已經乾了。剩下幾條街還積着水，幾條沒辦法的龍站在水裏發抖。看見八夏往家走，他們忙招呼：「八夏弟，過來幫幫忙！求求你了！你的工錢是多少？我們給你錢！」八夏說：「我治水是為了環境好，不是為了錢。」大懶龍說：「哪有幹活不要錢的？這不符合市場經濟的原則。你報個價吧！」

「甚麼是市場經濟原則？」

「就是說甚麼都是商品，都有一個價錢。」

八夏想了想說：「你是學工商管理的，如果我不幫忙，你今天就被鎖起來鎮水了。你的自由也是一個商品，那它值多少錢呢？」

大懶龍被問住了。八夏見龍們發呆，他不再等待一個回答，向夜幕中走去，去忙治水了。

由於八夏把全城的水都排乾淨了，市長表揚了他，說他是一條益龍。八夏聽了高興極了。市長命令用石頭給他在水邊立了雕像，就在北京城後門橋旁邊。

老七牙自的故事

牙自性格暴躁，爭強好勝，經常為了一點小事兒，和兄弟們、同學們打架。他從小就想做一隻武藝高強的超龍，把所有的龍都打敗。他覺得自己打架經常佔上風，說明自己武藝已經比較高強，缺的主要是一個超龍必備的寶劍。如果他有了一把舉世無雙的寶劍，那他馬上就是超龍了。

上哪裏去尋找寶劍呢？一天，放學路上，牙自不經意間看到一個鐵匠鋪。「哎，鐵匠，鐵匠不是會打造寶劍嗎？」牙自決定進去看一看。

鐵匠鋪裏光線很暗，一個大爐子冒着大火苗，旁邊一隻像鏽鐵絲一樣的老龍正彎着腰一錘一錘地打鐵。

像鏽鐵絲一樣的老龍

「鐵匠爺爺，您會打寶劍嗎？」

「寶劍？甚麼樣的寶劍？」老龍連看也不看牙自，仍然一錘一錘地敲。

「就是寶劍唄。」

「你要寶劍做甚麼？」

「拿來玩唄。」

「寶劍和寶劍不一樣，有很多種。有木頭的，你要是和鄰居孩子打架搶彈珠，就用這種。」

牙自聽了，臉一下子紅了。他確實為了幾個彈珠和同學打過好幾次架。讓鐵匠這麼一說，還真是個挺不好意思的事兒。幸虧鐵匠鋪裏黑，誰也看不出來。

打架搶彈珠

「那好的寶劍呢？」

「那也要看幹甚麼，有鐵的，你鄰居的狗如果咬了你家的貓，你要去報仇，就用鐵寶劍去打他的狗。不過你可能會被狗咬。如果把人家狗打壞了，人家也可能會去告訴你爸，跟你們要醫療費。所以我勸你別琢磨甚麼寶劍。不是好事兒。兵器都不是好事兒。」

「那我要做超龍呢？超龍得有超龍劍吧？」

老龍一聽說「超龍」二字，一哆嗦，咣噹一下，手中錘子砸歪了，砸翻了一個水盆。水盆裏的水全潑到火上，呲的一聲，一股水蒸汽升起，火滅了。鐵匠鋪裏更黑了。

老龍把手中的工具放下，把臉湊近牙自的臉，用昏花的老眼仔細看着他，低聲說：「超龍劍不是給你搶彈珠用的，也不是為你報私仇用的！超龍劍是戰勝惡魔，拯救世界用的。超龍劍不是我能打造的，也不是任何龍打造的。超龍劍是超龍變的。無私無畏，無我無敵。超龍為了拯救世界，捨棄生命，跳入火山口，化作超龍劍。這把劍不用人把握，自己會飛，自己會找到惡魔，把惡魔殺掉。然後這把超龍劍就完成使命了，也就死了。不做超龍！不做超龍！你趕緊回家去，好好唸書，做一條好龍，健康快樂地活一輩子！做好龍！不做超龍！走吧！」

牙自聽了目瞪口呆。他想像自己像跳水一樣跳進一個熊熊燃燒的火山口，然後從火山口裏出來一把通體透亮，寒

寒光閃閃的寶劍

光閃閃的寶劍。這把寶劍又像火箭一樣飛出去，飛向一大群面目可憎的妖怪。喀嚓喀嚓把妖怪都消滅了。牙自沉浸在這壯麗的白日夢中，兩眼放光發直。不知道自己是怎麼從鐵匠鋪出來的，又怎麼回到了家。

飯桌上，八隻小龍吃着飯，有說有笑。牙自仍然沉浸在白日夢中，兩眼發光發直。龍媽媽說：「牙自！想甚麼呢？」他也沒聽見。八夏坐在牙自旁邊，他用筷子揀起一片菜葉，在牙自鼻子前晃了晃，牙自沒反應。吃吻說：「你那個不行。」他探到桌上拿起一隻雞腿兒，跳下他的椅子，跑到牙自旁邊，用雞腿兒在牙自鼻子前晃。牙自還是沒反應。吃吻說：「完了。讓鐵匠把魂兒吸去了。」

龍爸爸大吃一驚，以至於他本來只有兩條腿兒着地的椅子往後一仰就把他摔地上了。小龍們大笑。龍爸爸

讓鐵匠把魂兒吸去了

訕訕爬起：「你們到鐵匠鋪去了？」

牙自聽見鐵匠兩字，突然醒了過來。「爸，無我無敵是甚麼意思？」

龍爸爸看着牙自，猶豫了幾秒鐘。「鐵匠爺爺告訴你的？你覺得是甚麼意思？」

牙自遲疑地說：「我覺得我可能聽錯了。他是不是說『有我無敵』？」

牙自的腦海裏出現一個妖怪，紅的，長得很難看。妖怪旁邊跳出一個牙自，綠綠的，尾巴是一把劍。妖怪被紅 X 叉掉，只剩牙自，通體放光。

龍爸爸低聲說：「你沒聽錯。『無我無敵』是說超龍的。鐵匠爺爺的爸爸是超龍。在鐵匠爺爺很小的時候，世界面臨流星雨的災難，超龍跳進火山口，化為超龍劍，把流星雨阻擋在大氣層之外。這句話的意思是只有心裏完全沒有自己，才能真正無敵。」

「那，鐵匠爺爺為甚麼告訴我不要做超龍呢？」

「他那是愛護你，你還小，拯救世界的責任現在還輪不上你。我相信，如果明天災難再次降臨，鐵匠爺爺一定也會跳進火山口，成為超龍劍的。他的血管裏流着超龍的血。你啊，你先從無私無畏學起吧。」

牙自從此不再和小朋友們打架，因為每回他攥起拳頭，準備打人的時候，他就想起來鐵匠爺爺說的木頭寶劍，他就問自己：「我是無私的嗎？我是要搶人家的東西，還是要報私仇？」他就發現自己其實沒有甚麼高尚的理由和人家打架，於是攥起的拳頭就又鬆開了。

一有時間，牙自就到鐵匠鋪去，給鐵匠爺爺幫忙倒個水，遞個毛巾，搬個凳子。因為他想，經常在超龍身邊，才能學到超龍的精神。鐵匠爺爺沒有後代，也願意有這麼個小龍在身邊說個話兒。慢慢，爺兒倆成了朋友，牙自也學會了打鐵。

我是無私的嗎？

鐵匠爺爺活了500年。在他活着的時候世界上沒有出現危機。他後來老了，抵抗力降低，得了一場感冒，就死了。臨死只有牙自在他身邊。老龍望着牙自，他吃力地說：「牙自……」

牙自說：「爺爺，你不用說了，我知道你要說甚麼。你放心吧，無我無敵。我懂了。我準備好了。」

到了10005年，土星崩裂，一個最大的碎片向地球飛來。天文學家看到了，向全世界發出了警告。如果這個大碎片撞上地球，地球就會被撞碎了。大家站在街頭恐慌地議論：

「超龍呢？超龍的後代已經死了，我們中間還有超龍嗎？恐怕沒有了。」

「讓我往火山口裏跳不難，反正地球毀滅了，咱們也都是一死，可誰能變成超龍劍呢？回頭，地球沒毀滅，咱們不都是白自殺了嗎？」

「據說超龍往火山口裏跳的時候，還得唸密碼呢！要不然變不成超龍劍。據說是545打頭的8個數。可

大家恐慌地議論

現在沒有龍知道了。」

「趕緊破密碼吧！不就是猜5個數嘛？！讓科學家趕緊解密。這事兒呀，跟咱們凡龍沒關係。」

「怎麼沒關係呀？沒有超龍，咱們都得死。」

牙自想，該走了。是不是應該去和媽媽爸爸告個別呢？但他怕媽媽爸爸會哭。所以他站在客廳門口猶豫着。

「牙自，」龍爸爸看見了他，「你準備走了嗎？」

「爸，是，我準備走了。您怎麼知道的？」

「我們早就知道這天會來，從你到鐵匠鋪去的第一天，記得嗎？你問我，無我無敵是甚麼？這是超龍的密碼，現在很少有龍知道了。我們知道你一直在為這一天做準備。牙自，你是我們全家的驕傲，我們也有超龍的血脈。我們會把你打的那把牙自鋼劍掛在牆上紀念你。」

牙自點點頭，從容走出了家門，向火山口飛去。他飛得很直，像一把利劍，沒有恐懼，沒有遺憾。他是去做一件準備了很久的，自己一輩子想做的事情。他的心裏充滿了幸福。

老八酸尼的故事

酸尼長得像一隻獅子，一頭長長的鬃毛。他從小很聰明，好奇。剛上學的時候，他還發明了一個五彩的煙炮，點燃了，能在天上冒出一條彩色的大煙龍，非常好看。大家都說，酸尼真聰明。這孩子以後肯定是發明家。

可是誰也不知道，酸尼的耳朵能聽到周圍所有的聲音，可是他的腦子不像別的小龍，不會過濾掉不相干的聲音，只注意聽老師講的話。所以老師還沒把一句話說完，酸尼就已經在想學校裏樹上那隻鳥撲棱起飛了，牠飛到哪兒去了呢？後面一個同學的課桌輕輕響了一下，她往桌子裏放了一本書？甚麼書呢？牆上

在夢中度過一天

的鐘錶每秒鐘咔嗒一下，也讓酸尼心煩。不管他怎麼努力，他的注意力就是沒辦法集中在老師課堂上講的課上。回到家，他的注意力也沒辦法集中在作業上，作業總也做不完，所以漸漸地，他學習上變得一塌糊塗。成績不好，老師就不喜歡了。酸尼也不願意這樣，他很苦惱。他開始逃避作業，逃避上學，逃避所有正常小龍做的事情，連小龍們必練的游泳功，噴水功他也不練。為了麻醉自己，他開始抽煙，喝酒，如果太苦惱，就乾脆不起牀，在夢中度過一天。

一天在街上，酸尼無精打采地在街上逛，看見一家新開的遊戲廳，裝修得紅紅綠綠，很熱鬧。外面寫着：

虛擬仙境

「虛擬仙境」。酸尼有些好奇，就進去看。裏面許多小龍坐在一些屏幕前，屏幕上有打打殺殺的遊戲，很是好玩。酸尼也找了一台沒人的屏幕，坐下來學着玩。兩分鐘之後，酸尼進入了虛擬仙境。

虛擬仙境真是好地方，酸尼來到一個山谷裏，這裏流水潺潺，鳥語花香。更令酸尼高興的是，他發現自己是一隻漂亮的雄獅，長着一頭蓬鬆的長毛，渾身有使不完的力氣，就想在山林裏不停地跑來跑去，心裏像開了花一樣。

這時，一隻白尾狐走過來，「大王，您可來了。山谷裏來了一隻西洋惡龍，佔了一個山洞。他每天要我們進貢一隻小動物給他吃。不給就噴火燒山。我家的姐妹已經都被他吃光了，就剩我一個了。快救救我吧！」酸尼一聽，熱血沸騰。馬上讓白尾狐帶領他去打西洋惡龍。

到了山洞口，白尾狐躲了。酸尼往洞裏扔大石頭。不久一隻臭氣熏人的惡龍鑽了出來。他一看到酸

拿出獅子的本領

尼就先噴了一口火，像火焰噴射器一樣，火到之處，草木都燃燒起來。酸尼一看不妙，趕緊藏在大石頭後面。酸尼拿出獅子的本領，匍匐着從一塊石頭後面跑到另一塊石頭後面，迂迴向惡龍背後抄去。惡龍尾大不掉，不太靈活，眼神也不太好，瞎噴了一氣火，就找不到酸尼了。這時酸尼已到了他背後，突然騰空跳起，飛到那惡龍脖頸後，一口咬住。惡龍又是甩頭，又是用尾巴拍他。酸尼被帶刺的龍尾抽中幾次，身上流了血。但他就是不鬆口，直到把惡龍的血管咬斷，惡龍倒在地上，死了。

山裏的小動物這時都不知從哪裏突然冒了出來，

把酸尼圍了起來，感謝他的救命之恩。酸尼雖然受了傷，又疼又累，但成功的喜悅比最好的藥還管用。剛說要休息了，旁邊山上又跑來一隻小鹿，說她的山上也有一隻西洋龍，也要酸尼大王去解救她們。酸尼一聽，又來勁兒了。趕緊又去旁邊的山。就這樣酸尼殺了一條又一條西洋龍。他的精神越來越旺，可他的體力越來越差，血也流了很多。

這時在現實世界裏，已到了吃晚飯的時候，龍媽媽一看，酸尼沒回家。問他的兄弟們，也沒人知道，說可能是去甚麼仙境了。

你看見我的兒子了麼？

「甚麼？他掉陷阱裏了？你們怎麼也不救他？」

「不是，媽，他去玩遊戲了。」

龍媽媽讓小龍們先吃飯，她自己趕到了遊戲廳。一看，一屋子龍，一條龍守着一個屏幕，在玩遊戲。龍媽媽問管遊戲廳的斑馬，「你看見我的兒子酸尼了麼？」

斑馬指着屋子一角一團黑煙說：「就在那裏。」

龍媽媽到煙霧裏一看，酸尼披着長髮，叼着一支香煙，駝着背，一動不動地坐在屏幕前。媽媽叫他，也不回答，拉扯他，身體都僵硬了，也沒反應。再一看眼神，已經直了。斑馬說：「這孩子，靈魂出竅了。」

「甚麼？！他死了嗎？」

「沒死，他的靈魂到虛擬世界去了。你要想讓他跟你回家，除非你到虛擬仙境去找他。」

龍媽媽很聰明，她進入一個陷阱之前會先想到怎麼出來：「那我到了陷阱裏面，找到他以後，我們倆怎麼出來呢？」

「看見每個屏幕邊上都寫的這個密碼嗎？唸這個密碼，就能出來。」

龍媽媽一看，屏幕邊上確實有一行字：「路邊小蟲也有媽，到了五點就回家。」

於是龍媽媽也坐在屏幕前面，看着屏幕上的東西，心裏想着「酸尼，你在哪裏呢？」於是她也進入了虛擬仙境。

這時在虛擬仙境裏，酸尼正在大戰第九條西洋龍。他已經渾身是傷，失血過多，站都站不穩了。西洋龍又向他噴來一條火舌，酸尼想跳到溝裏躲避，腳

龍媽媽趕到

下一軟，滾了下去。西洋龍站在溝邊上看下去，大為得意：「哈，你也有累的時候！今天晚上我就吃火燒獅子頭了。」說着他又一條火舌向溝底噴去。就在這千鈞一髮的時刻，龍媽媽趕到，一看酸尼面臨葬身火海之災，她立刻噴出大水，把溝灌滿了。西洋龍一看，一條女水龍來了，連忙飛到空中，準備迎戰。

龍媽媽知道自己打敗這外國龍並不難，但她沒忘記自己來幹甚麼的，她也沒忘記酸尼是不會游泳的，有可能被她放到溝裏的水淹死。所以她抓住西洋龍升空這瞬息，一把從水裏撈出酸尼，抓緊他，大聲唸道：「路邊小蟲也有媽，到了五點就回家。」

一瞬間龍媽媽和酸尼都回到了遊戲廳裏，酸尼這時已經不像雄獅了，更像一隻落水的耗子。媽媽問：「你怎麼到了五點還不回家呢？」

酸尼低頭不語。

斑馬說：「你要是問我呀，這孩子覺得現實生活沒有虛擬仙境好，你們大龍們想想吧。」

龍媽媽點點頭，她對酸尼說：「走，兒子，咱們先回家去吃飽飯，把力氣養大，回頭我帶你去真實仙境，你到那兒也能當大英雄。」

「不上學了？」

「不上學了。」

酸尼跟媽媽回家吃飯去了。

第二天早上，吃完早飯，別的小龍都去上學，媽媽帶酸尼去了快樂谷夏令營。營地的老師是一個渾身是疙瘩，像老樹根一樣的巨龍爺爺，見到酸尼，他說：「歡迎，聽說你能殺西洋惡龍，本領很大，只是需要鍛煉一下耐力，學習一些野戰的實用知識，我們這裏專門培養你這樣有潛力的小龍。你在這裏住一段時間，會很快樂的。」

識別植物

酸尼一聽說他有潛

力，還會快樂，就欣然同意留在夏令營。

快樂谷裏如仙境一般，草地上野花盛開，叢林中小溪流淌，還有十個小夥伴，年齡也和酸尼差不多。第一天他們出去走路，識別植物。酸尼原來認識兩種樹：柳樹和楊樹，他受到了表揚，又新認識了三種樹和三種能治病的草。巨龍說：「你們都是年輕的植物學家，真聰明呀。」小龍們聽了，心裏暖暖的。

第二天他們又出去走路，識別昆蟲。酸尼原來認識兩種昆蟲：螞蟻和花大姐，他受到了表揚。他又新認識了三種益蟲和三種有毒的昆蟲。巨龍說：「你們都是年輕的昆蟲學家，了不起呀。」小龍們聽了，都很興奮。

第三天他們又出去走路，識別礦石。酸尼原來只認識鵝卵石，但他也受到了表揚。他又新學會了識別砂岩，花崗岩，和銅礦石。巨龍說：「你們都是年輕的地質學家，真棒呀。」小龍們聽了，都很自豪。

第四天他們去河邊練游泳。酸尼原來一點兒都不

躺在稻草堆上看星星

會游，但老師表揚他不怕水。巨龍先教他漂，然後教他游，一個上午下來，酸尼基本會游泳了。巨龍說:「你們都是水中豪傑，運動健將呀。」小龍們聽了，都很高興。

夏令營的日子就這樣一天一天過去。每天回到營地，巨龍就教小龍們學做飯，學洗衣裳，學生火，學種菜，學做手工，學打掃營地衛生。晚上，他們就躺在稻草堆上看星星，學習一些星座的知識，或者圍着篝火唱歌。酸尼長成了一隻強壯的雄獅，學到了許多他在學校裏沒學到或沒掌握的知識，更重要的是，他變得很自信，很快樂。

夏天過完了，龍媽媽來接酸尼回家。酸尼說：「我不回去行嗎？我在這裏找到了仙境。我想留在夏令營。巨龍爺爺，你能讓我留下來做助手嗎？」

巨龍爺爺說：「很榮幸有你做幫手。你留下來吧。我教給你的本事，你可以教給別的小龍。讓他們也在大自然裏找到自己的仙境。」

老九交圖的故事

他很細心

交圖從出生就有一副貝殼，像一個大蛤蜊。他很細心，很害羞，容易緊張，一有風吹草動就把貝殼合起來，把自己藏在裏面。在貝殼裏的昏暗中，他還能隱約聽到外面說甚麼，但有一層厚厚的外殼，他覺得很安全。

一天晚上龍媽媽爸爸帶小龍們去聽音樂會，交圖扁桃腺發炎，沒有去，一條龍在家裏睡覺。房子裏的

打不開

燈都黑了，不久就有兩條壞龍來偷東西。他們從窗戶進了交圖睡覺的屋子。交圖醒了，發現屋裏有賊，嚇得趕緊把貝殼合攏，藏了起來。

甲賊說：「這個家真窮，甚麼都沒有。電視機也是舊的，你找找看有沒有珠寶。」

乙賊說：「哪兒有珠寶呀，連個彈珠都沒有。不過這牀上有個大蛤蜊，沒準兒夜明珠在裏面。不然誰家牀上放個大蛤蜊呀！」

「哪兒呢？嘿，真不小，裏面如果有珍珠，肯定有椰子那麼大。這玩藝兒值錢！」

「打不開呀！找個東西來撬！」

兩個賊把交圖搬下牀，扔在地上，又是撬，又是砸。交圖在貝殼裏面嚇得心突突地跳。

「打不開，咱們搬回去拿電鋸鋸吧。」

於是他倆把交圖搬到窗台上，扔了出去。交圖掉在草地上，滾了幾個滾，這時他已嚇昏了過去。兩個賊從窗戶爬出來，抬起交圖正準備走，龍媽媽爸爸帶着小龍們回來了。倆賊一見不好，趕緊扔下交圖就跑。龍爸爸媽媽把交圖抬進了屋。

不管爸爸媽媽在外面怎麼勸，交圖的貝殼七天七夜沒有打開。到了第八天，他終於出來了。他吃了飯就把自己鎖在屋裏，從此不再去上學。媽媽敲交圖的屋門，聽見交圖打開一道鎖又一道鎖，進去一看，交圖在門上安了三把鎖，每個窗戶上也都安了三把鎖。這些鎖都是他在屋裏用自己家的材料製作的。媽媽進屋以後，交圖又把三把鎖都鎖上，並且檢查了一遍又一遍，看是不是鎖好了。這讓媽媽很不自在。

龍媽媽說：「孩子，你是被賊嚇着了。你現在的精神狀態不太正常。咱們去看心理醫生吧。」

交圖一聽要出門，嚇得馬上又把貝殼合上了。龍媽媽沒辦法，歎着氣開了他的鎖，出了他的屋門。剛一出去，就聽見裏面嘩啦嘩啦又把鎖都鎖上了。

「這孩子，怎麼辦呢？」

這陣子吃吻、普牢、八夏三兄弟正在發愁沒錢花。別人家大龍都給零用錢，他家不給。別的小龍吃雪糕，三兄弟看着眼饞。

吃吻說：「八夏，你不是會修馬桶嗎？你不會出去掙點錢嗎？」

八夏說：「我給人家修馬桶，人家都說：『好孩子，明天我給你們學校送表揚信去。』我還得趕緊說：『不用了，這是我應該做的。』老師要是知道我不上學，在外邊修馬桶，非得向媽媽告狀不可。」

吃吻說：「普牢，你們在酒吧唱歌，人家不給錢嗎？」

「別提了，人家讓我們在那兒唱就不錯了，誰聽野狼嚎還給錢哪？我們不倒找（反過來給錢）就不錯了。」

賣點甚麼呢？

「那咱們賣點甚麼？」

「賣甚麼？」

機靈的吃吻想了想，「有了！咱們賣交圖做的鎖！」

「交圖不給呢？」

「他會給的，咱們就說我們在屋裏都特害怕，每天晚上都睡不着，每個臥室每個門，每個窗都需要上鎖，請他給做幾個。他肯定幫忙。」

於是吃吻請交圖做幾把鎖，並答應給交圖找做鎖的材料。三兄弟還幫忙設計了一些門閂、門鏈、門禁系統。交圖在這方面很願意幫忙，只不過吃吻得看着他，不然他做好了又拆，說是不夠好，拆了再做；做好了，又說不完美，又拆，總也做不完。吃吻看一個鎖做好了，就馬上搶過去，說是得馬上安上。這樣沒

但我不是傻子

過幾天，一批做工精緻的門鎖就做好了。

這批鎖在商店裏賣得很快。三兄弟賺了不大不小的一筆錢。這筆錢夠他們吃一個夏天的雪糕，當然，交圖也有一份。等錢都花完了，吃吻對交圖說：「我們的鎖都壞了，你再給我們做些鎖吧。」

交圖看着他說：「第一，我可能有點兒強迫症，但我不是傻子。第二，我做的鎖不會壞。這一個夏天你們天天請我吃雪糕，錢從哪兒來的？我知道你們把鎖賣了。對吧？」

「你真聰明，可以當偵探了。怎麼樣，做一批鎖，跟我們一塊兒出去賣吧？你也去看看，你的產品特別受歡迎。」

這讓交圖有點兒動心。

這回八個哥哥都被動員起來出去找材料。吃吻仍

賣鎖

然負責監督和鼓勵交圖，不讓他把做好了的鎖拆了。九天後，一批精美的鎖做出來了。八夏還給設計了一個廣告牌「交圖牌門鎖，你的安全保障」，上面還畫着一把大鎖。

這天八個哥哥一起陪着交圖上街去賣鎖。一邊四個，像保鏢一樣，在街上走。交圖怕踩着磚縫，在中間跳格子。到了商場，他們租了一個櫃枱。櫃枱上把廣告牌一豎起來，馬上顧客就圍上來了：

「快，我買一把鎖，上回沒買着。」

「我要一條門鏈兒！我們家都被盜兩次了。」

「我家前門已經用了你們家的鎖，就是好用！我家後門也得來一把！」

「有保險箱的鎖嗎？」

交圖一開始看人多，害怕，在櫃枱裏面藏着，後來見到自己的產品這樣受歡迎，就把頭伸出來了，心裏像喝了蜜糖一樣。吃吻見他喜形於色，湊近了，小聲對他說：「怎麼樣？開個作坊吧？我給你當經理？」

於是交圖開了個製鎖作坊，成了鎖匠。他除了做普通機械鎖，還研究出數碼鎖，刷卡鎖，遙控鎖，爪紋識別鎖，瞳孔識別鎖，龍尾識別鎖，語音識別鎖。這些鎖都賣得很好。

事業上的成功使交圖有了自信，他也不太怕上街了。不過他在街上走，還是不願意踩磚縫；碰到下水道的格柵，一定要從右邊繞過去。回到家他還是要把房門鎖上，一遍一遍地洗手，洗鬍鬚，把自己弄得非常乾淨，一塵不染。然後他躺在牀上，把貝殼合上，在昏暗中，他覺得很安全，很完美。

後記

小龍們都長大了，有的永遠離開了，其餘也陸續都搬出去住了。家裏只剩龍媽媽和龍爸爸。一天龍媽媽對龍爸爸説：「記得嗎？很久很久以前，我生了九個蛋。出來九個奇形怪狀的傢伙。時間過得真快。你説咱們的孩子們算真正的龍嗎？」

龍爸爸説：「當然了，他們不但都成了龍，而且都是好龍。」

龍媽媽説：「明天你把院裏的鞦韆修一修？端午節也是龍的節日，酸尼一家該來了。」

龍爸爸説：「沒問題。酸尼他太太是個西洋龍？」

龍媽媽笑着説：「嗯。孫子們不知道是甚麼樣呢。現在學校不知好不好進。」

作者的話

龍爸爸和龍媽媽給孩子們起了很古怪的名字。這是因為他們是龍，跟咱們不一樣。那是很久以前的事情了，當時用的漢字，現在有不少已經不用了。所以如果照原樣寫這些小龍的名字，我們就會不認識。為了現在好認，我按照讀音，把他們的名字換成了簡化以後讀音相似的字。九個兄弟分別是：

原來的名字	換成
贔屭	必喜
鴟吻	吃吻
蒲牢	普牢
狴犴	碧幹
饕餮	濤鐵
蚣蝮	八夏
睚眥	牙自
狻猊	酸尼
椒圖	交圖

責任編輯 楊歌
裝幀設計 陳先英
排版 陳先英
印務 劉漢舉

楊樹的故事
不一樣的中國龍

楊熾 文/圖

出版 中華教育
香港北角英皇道四九九號北角工業大廈一樓B
電話：（852）2137 2338
傳真：（852）2713 8202
電子郵件：info@chunghwabook.com.hk
網址：http://www.chunghwabook.com.hk

發行 香港聯合書刊物流有限公司
香港新界荃灣德士古道220-248號
荃灣工業中心16樓
電話：（852）2150 2100
傳真：（852）2407 3062
電子郵件：info@suplogistics.com.hk

印刷 高科技印刷集團有限公司
香港葵涌和宜合道109號長榮工業大廈6樓

版次 2021 年 12 月第 1 版第 1 次印刷

規格 16 開（210mm×170mm）

ISBN 978-988-8760-19-0